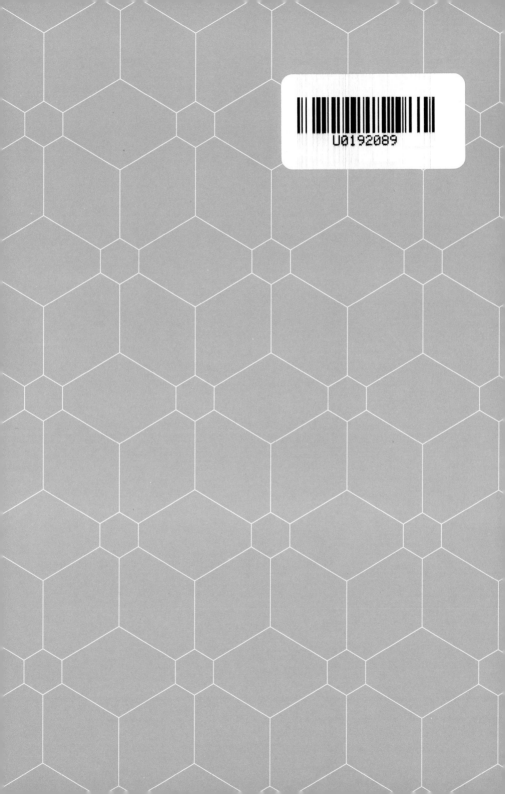

数学
不烦恼

从**分数**和**小数**到**音乐**的原理

【韩】郑玩相◎著　【韩】金愍◎绘　章科佳　辛璐琲◎译

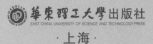

华东理工大学出版社
EAST CHINA UNIVERSITY OF SCIENCE AND TECHNOLOGY PRESS
·上海·

图书在版编目（CIP）数据

　　数学不烦恼. 从分数和小数到音乐的原理 /（韩）郑玩相著;（韩）金憨绘;章科佳,辛璐琲译. —上海:华东理工大学出版社,2024.5
　　ISBN 978-7-5628-7365-5

　　Ⅰ.①数…　Ⅱ.①郑…②金…③章…④辛…　Ⅲ.①数学－青少年读物 Ⅳ.①O1-49

　　中国国家版本馆CIP数据核字（2024）第078569号

著作权合同登记号: 图字09-2024-0148

策划编辑 / 曾文丽
责任编辑 / 张润梓
责任校对 / 王雪飞
装帧设计 / 居慧娜
出版发行 / 华东理工大学出版社有限公司
　　　　　　地址: 上海市梅陇路 130 号，200237
　　　　　　电话: 021－64250306
　　　　　　网址: www.ecustpress.cn
　　　　　　邮箱: zongbianban@ecustpress.cn
印　　刷 / 上海邦达彩色包装印务有限公司
开　　本 / 890 mm×1240 mm　1 / 32
印　　张 / 4.25
字　　数 / 76 千字
版　　次 / 2024 年 5 月第 1 版
印　　次 / 2024 年 5 月第 1 次
定　　价 / 35.00 元

理解数学的思维和体系，
发现数学的美好与有趣！

《数学不烦恼》
系列丛书的
内容构成

数学漫画——走进数学的奇幻漫画世界

漫画最大限度地展现了作者对数学的独到见解。

学起来很吃力的数学，原来还可以这么有趣！

知识点梳理——打通中小学数学教材之间的"任督二脉"

中小学数学的教材内容是相互衔接的，本书对相关的衔接内容进行了单独呈现。

概念整理自测题——测验对概念的理解程度

解答自测题，可以确认自己对书中内容的理解程度，书末的附录中还附有详细的答案。

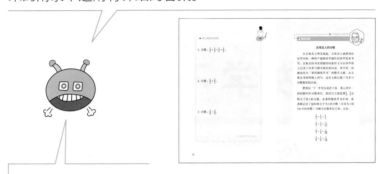

郑教授的视频课——近距离感受作者的线上授课

扫一扫二维码，就能立即观看作者的线上授课视频。从有趣的数学漫画到易懂的插图和正文，从概念整理自测题再到在线视频，整个阅读体验充满了乐趣。

术语解释——网罗书中的术语

本书的"术语解释"部分运用通俗易懂的语言对一些重要的术语进行了整理和解释，以帮助读者更好地理解它们，达到和中小学数学教材内容融会贯通的效果。当需要总结相关概念的时候，或是在阅读本书的过程中想要回顾相关表述时，读者都可以在这一部分找到解答。

大家好！我是郑教授。

嘿！

数学不烦恼

从分数和小数到音乐的原理

知识点梳理

	分年级知识点		涉及的典型问题
	一年级	找规律	
	三年级	分数的初步认识	
	三年级	小数的初步认识	
	四年级	小数的意义和性质	
	四年级	小数的加法和减法	
	五年级	分数的意义和性质	真分数和假分数
	五年级	分数的加法和减法	约分和通分
小 学	五年级	小数乘法	小数的四则运算
	五年级	小数除法	分数的四则运算
	五年级	简易方程	分数和小数的互化
	六年级	分数乘法	分数与除法的关系
	六年级	分数除法	分数与比例的关系
	六年级	百分数	连分数
	六年级	比	
	六年级	比例	
初 中	七年级	有理数	
	八年级	分式	
高 中	一年级	函数的概念与性质	

目录

小学　分数的初步认识、分数的意义和性质、分数的加法和减法

专题 2

分数的乘除法及其应用

小学 简易方程、分数意义和性质、分数乘法、
分数除法

初中 分式

专题 3

小数和小数的加减法

小学　小数的初步认识、小数的意义和性质、小数的加法和减法、小数除法、分数的意义和性质

初中　有理数

走进数学的
奇幻世界!

专题 4

小数的乘除法

小学　小数乘法、小数除法、分数的意义和性质、比、比例

专题 5

生活中的分数

小学　找规律、分数的意义和性质、分数的加
　　　法和减法、分数乘法、百分数

高中　函数的概念与性质

专题 6

音乐中的分数

小学 分数的意义和性质、分数乘法、分数除
法、比、比例

专题 总结

附录

|推荐语1|

培养数学的眼光去观察生活

　　世界是由什么组成的呢？很多古代哲学家都对这一问题非常感兴趣，他们也分别提出了各自的主张。泰勒斯认为，世间的一切皆源自水；而亚里士多德则认为世界是由土、气、水、火构成的。可能在我们现代人看来，他们的这些观点非常荒谬。然而，先贤们的这些想法对于推动科学的发展意义重大。尽管观点并不准确，但我们也应当对他们这种努力解释世界本质的探究精神给予高度评价。

　　我希望孩子们能够抱着古代哲学家的这种心态去看待数学。如果用数学的眼光去观察、研究日常生活中遇到的各种现象，那么会是一种什么样的体验呢？如此一来，孩子们仅在教室里也能够发现许多数学原理。从教室的座位布局中，可以发现"行和列"；在调整座次、换新同桌时，就会想到"概率"；在组建学习小组时，又会联想到"除法"；在根据同班同学不同的特点，对他们进行分类的时候，会更加理解"集合"的概念。像这样，如果孩子们将数学当作观察世间万物的"眼睛"，那么数学就不再仅仅是一个单纯的解题工具，而是一门实用的学问，是帮助人们发现生活中各种有趣事物的方法。

而这本书恰好能够培养、引导孩子用数学的眼光观察这个世界。它将各年级学过的零散的数学知识按主题进行重新整合，把数学的概念和孩子的日常生活紧密相连，让孩子在沉浸于书中内容的同时，轻松快乐地学会数学概念和原理。对于学数学感到吃力的孩子来说，这将成为一次愉快的学习经历；而对于喜欢数学的孩子来说，又会成为一个发现数学价值的机会。希望通过这本书，能有更多的孩子获得将数学生活化的体验，更加地热爱数学。

中国科学院自然史研究所副研究员、数学史博士
郭园园

一本提供全新数学学习方法之书

　　学数学的过程就像玩游戏一样，从看得见的地方寻找看不见的价值，寻找有意义的规律。过去，人们在大自然中寻找；进入现代社会后，人们开始从人造物体和抽象世界中寻找。而如今，数学作为人类活动的产物，同时又是一种创造新产物的工具。比如，我们用计算机语言来控制计算机，解析世界上所有的信息资料。我们把这一过程称为编程，但实际上这只不过是一种新形式的数学游戏。因此从根本上来说，我们教授数学就是赋予人们一种力量，即用社会上约定俗成的形式语言、符号语言、图形语言去解读世间万物的各种有意义的规律。

　　《数学不烦恼》丛书自始至终都是在进行各种类型的游戏。这些游戏没有复杂的形式，却能启发人们利用简单的思维方式去思考复杂的现象，就连对学数学感到吃力的学生也能轻松驾驭。从这一方面来说，这套丛书具有如下优点：

1.将散落在中小学各个年级的数学概念重新归整

低年级学的数学概念难度不大，因此，如果能够在这些概念的基础上加以延伸和拓展，那么学生将在更高阶的数学概念学习中事半功倍。也就是说，利用小学低年级的数学概念去解释高年级的数学概念，可将复杂的概念简单化，更加便于理解。这套丛书在这一方面做得非常好，且十分有趣。

2.通过漫画的形式学习数学，而非习题、数字或算式

在人类的五大感觉中，视觉无疑是最发达的。当今社会，绝大部分人都生活在电视和网络视频的洪流中。理解图像语言所需的时间远少于文字语言，而且我们所生活的时代也在不断发展，这种形式更加便于读者理解。

这套丛书通过漫画和图示，将复杂的抽象概念转化成通俗易懂的绘画语言，让数学更加贴近学生。这一小小的变化赋予学生轻松学习数学的勇气，不再为之感到苦恼。

3.从日常生活中发现并感受数学

数学离我们有多近呢？这套丛书以日常生活为学习素材，挖掘隐藏在其中的数学概念，并以漫画的形式传授给孩子们，不会让他们觉得数学枯燥难懂，拉近了他们与数学的距离。将数学和现实生活相结合，能够帮助读者从日常生活中发现并感受数学。

4.对数学概念进行独创性解读，令人耳目一新

每个人都有自己的观点和看法，而这些观点和看法构成了每个人独有的世界观。作者在学生时期很喜欢数学，但是对于数学概念和原理，几乎都是死记硬背，没有真正地理解，因此经常会产生各种问题，这些学习过程中的点点滴滴在这套丛书中都有记录。通过阅读这套丛书，我们会发现数学是如此有趣，并学会从不同的角度去审视在校所学的数学教材。

希望各位读者能够通过这套丛书，发现如下价值：

懂得可以从大自然中找到数学。
懂得可以从人类创造的具体事物中找到数学。
懂得人类创造的抽象事物中存在数学。
懂得在建立不同事物间联系的过程中存在数学。

我郑重地向大家推荐《数学不烦恼》丛书，它打破了"数学非常枯燥难懂"这一偏见。孩子们在阅读这套丛书时，会发现自己完全沉浸于数学的魅力之中。如果你也认为培养数学思维很重要，那么一定要让孩子读一读这套丛书。

　　　　　　　　　　　　　　韩国数学教师协会原会长
　　　　　　　　　　　　　　李东昕

解决数学应用题烦恼的必读书目

很多学生觉得数学的应用题学起来非常困难。在过去，小学数学的教学目的就是解出正确答案，而现在，小学数学的教学越来越重视培养学生利用原有知识创造新知识的能力。而应用题属于文字叙述型问题，通过接触日常生活中的数学应用并加以解答，有效地提高孩子解决实际问题的能力。对于现在某些早已习惯了视频、漫画的孩子来说，仅是独立地阅读应用题的文字叙述本身可能就已经很困难了。

这本书具有很多优点，让读者沉浸其中，仿佛在现场聆听作者的讲课一样。另外，作者对孩子们好奇的问题了然于心，并对此做出了明确的回答。

在阅读这本书的过程中，擅长数学的学生会对数学更加感兴趣，而自认为学不好数学的学生，也会在不知不觉间神奇地体会到数学水平大幅度提升。

这本书围绕着主人公柯马的数学问题和想象展开，读者在阅读过程中，就会不自觉地跟随这位不擅长数学应用题的主人公的思路，加深对中小学数学各个重要内容的理解。书中还穿插着在不同时空转换的数学漫画，它使得各个专题更加有趣生动，能够激发读者的好奇心。全书内容通俗易懂，还涵盖了各种与数学主题相关的、神秘而又有趣的故事。

　　最后，正如作者在自序中所提到的，我也希望阅读此书的学生都能够成为一名小小数学家。

上海市松江区泗泾第五小学数学教师

徐金金

数学

——门美好又有趣的学科

　　数学是一门美好又有趣的学科。倘若第一步没走好，这一美好的学科也有可能成为世界上最令人讨厌的学科。相反，如果从小就通过有趣的数学书感受到数学的魅力，那么你一定会喜欢上数学，对数学充满自信。

　　正是基于此，本书旨在让开始学习数学的小学生，以及可能开始对数学产生厌倦的青少年找到数学的乐趣。为此，本书的语言力求通俗易懂，让小学生也能够理解中学乃至更高层次的数学内容。同时，本书内容主要是围绕数学漫画展开的。这样，读者就可以通过有趣的故事，理解数学中重要的概念。

　　数学家们的逻辑思维能力很强，同时他们又有很多"出其不意"的想法。当"出其不意"遇上逻辑，他们便会进入一个全新的数学世界。书中研究分数和小数相关理论的数学家便是如此。几千年前，古埃及书吏阿姆士就在莎草纸上记录了许多与分数有关的问题；16世纪，荷兰的数学家、工程师斯蒂文尝试用小数解决人们生活中货币结算的问题。本书通过有趣的数学漫画，介绍了分数和小数的基本概念、分数和小数的四则运算等内容。此外，还讲述了一些奇妙的数学问题，比如无限多个分数相加有可能得到定值。本书的最后，利用分数解释了弦乐器的基本原理，喜欢音乐的读者可以从中了解到 do、ri、mi、fa、sol、la、si 和分数的关系。相信通过本书的讲解，大家可以学会通过调节弦长来制作简单的乐器。

本书所涉及的中小学数学教材中的知识点如下：

小学：找规律、分数的初步认识、小数的初步认识、小数的意义和性质、小数的加法和减法、分数的意义和性质、分数的加法和减法、小数乘法、小数除法、简易方程、分数乘法、分数除法、百分数、比、比例

初中：有理数、分式

高中：函数的概念与性质

希望大家通过本书介绍的分数和小数的基本定义以及它们的运算法则，感受到分数和小数的魅力，并且了解到音乐和分数这一美妙的"数"有所关联。

最后希望通过这本书，大家都能够成为一名小小数学家。

韩国庆尚国立大学教授

郑玩相

柯马

因数学不好而苦恼的孩子

　　充满好奇心的柯马有一个烦恼，那就是不擅长数学，尤其是应用题，一想到就头疼，并因此非常讨厌上数学课。为数学而发愁的柯马，能解决他的烦恼吗？

闹钟形状的数学魔法师

　　原本是柯马床边的闹钟。来自数学星球的数学精灵将它变成了一个会飞的、闹钟形状的数学魔法师。

数钟

穿越时空的百变鬼才

　　数学精灵用柯马的床创造了它。它与柯马、数钟一起畅游时空，负责其中最重要的运输工作。它还擅长图形与几何。

床怪

专题 **1**

分数和分数的加减法

分数是什么？中间一条线，上下都写有数字，这就是分数。我们可以用分数来表示整体的一部分。在测量、分物或计算时，往往不能正好得到整数的结果，这时常用分数来表示。分数中有真分数、假分数和带分数。本专题将从分数的基本概念讲起，内容涉及分数的意义、同分母分数的加减法，以及不同分母分数的加减法等。

最后，还会讲述古埃及人的莱茵德纸草书中与分数有关的内容。

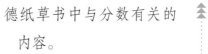

初步认识分数
如何比较分数的大小？

 柯马、床怪，你们都知道分数吧？

当然知道了！就像$\frac{2}{3}$这样，在横线上面和下面写数字，不就是分数吗？

没错，我们还知道$\frac{2}{3}$读作"三分之二"，其中2是分子，3是分母。

 不错！你们都具备学习分数的基本条件了。我们就以比萨为例，来讲解分数吧。如下图所示，如果把整张比萨看成"1"，把比萨分成同样大小的3块，每块比萨就是$\frac{1}{3}$了。

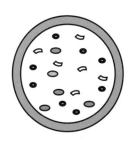 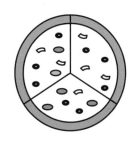

我喜欢吃比萨！吃掉其中2块的话，就是吃了$\frac{2}{3}$。

哦？等等！如果把3块都吃了，就是$\frac{3}{3}$了，吃了3块比萨相当于吃了一整张比萨，也就是"1"了。

这么一来，$\frac{3}{3}$就是……

没错！如果分数的分子和分母相同的话，这个分数就等于1。

$$\frac{3}{3} = 1，\frac{4}{4} = 1，\frac{5}{5} = 1$$

现在，我们来看看如何比较分数的大小吧。$\frac{2}{3}$和$\frac{1}{3}$相比，哪个更大？

把比萨分成3块，吃2块的话会比吃1块饱，所以$\frac{2}{3}$比$\frac{1}{3}$大！

哎哟！根据饱腹的程度比较大小，真是柯马的作风呢！说得很对，分母相同的两个分数，分子越大，分数就越大，所以$\frac{2}{3} > \frac{1}{3}$。

分母相同的话，比较起来还挺容易的！可是如果分母不同，如何比较两个分数的大小呢？

我们来比较一下$\frac{1}{2}$和$\frac{1}{3}$的大小吧！还是以比萨为例，$\frac{1}{2}$是将比萨分成同样大的2块，$\frac{1}{3}$是将比萨分成同样大的3块，所以$\frac{1}{2} > \frac{1}{3}$。

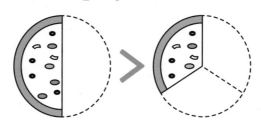

哦？当分子都是1，或者说分子相等时，分母越
小，整个分数就越大？

是的，柯马掌握得不错！总结一下：分母相同的
两个分数，分子越大，分数就越大；分子相同的
两个分数，分母越小，分数就越大。

非常正确。用比萨举例的话，分母代表"将一张
比萨分成几块"。如果分母越大，就意味着每块比
萨越小；如果分母越小，就意味着每块比萨越大。

分数的种类
真分数、假分数和带分数

现在，我们来学习一下各种分数吧。以 $\frac{3}{8}$ 为例，分
子和分母哪个大？

分子是3，分母是8，分母更大！

像 $\frac{3}{8}$ 这样，分母比分子大的分数，称为真分数。

那 $\frac{9}{2}$ 的分子比分母大，它有另外的名称吗？

那当然了。像 $\frac{9}{2}$ 这样，分子比分母大的分数，称为
假分数。

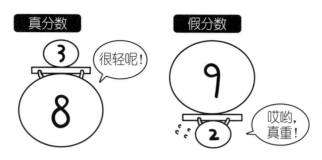

如果分母和分子相等呢?

那也叫作假分数。$\frac{3}{3}$,$\frac{4}{4}$,$\frac{5}{5}$都是假分数。

稍等,我再来总结一下:分母比分子大的分数是真分数,分子大于或等于分母的分数是假分数。

总结得很对!接下来说带分数,带分数是指由整数和真分数合成的数。换句话说,带分数就是整数和真分数的和,它分为整数部分和真分数部分,具体看下面这个分数:

$$2\frac{1}{3}$$

这里的2是整数,$\frac{1}{3}$是真分数。因此,带分数$2\frac{1}{3}$ = $2+\frac{1}{3}$,读作"二又三分之一"。

带分数可以化成假分数吗?

当然可以啦。以$2\frac{1}{3}$为例,我们一起来换算看看。

整数部分2和分母3相乘等于6。此时,分母不变,分子加上6,即分母是3,分子是6 + 1 = 7,因此

带分数 $2\frac{1}{3}$ 化成假分数就是 $\frac{7}{3}$。

那假分数也可以化成带分数吗？

是的。以 $\frac{11}{4}$ 为例，分子 11 除以 4，所得的商是 2，余数是 3。这里的商 2 就是整数部分，余数 3 就是真分数部分的分子。因此，假分数 $\frac{11}{4}$ 化成带分数就是 $2\frac{3}{4}$。

分母不同的两个分数如何相加减？

分数的加减法

现在我们要学习分数的加减法了。先看分母相同的分数相加的情况：如果把比萨分成同样大的 3 块，先给柯马 1 块，过一会儿再给他 1 块，那么，柯马就有 $\frac{1}{3} + \frac{1}{3}$ 块比萨，这样该怎么计算呢？

应该是 $\frac{1}{3} + \frac{1}{3} = \frac{2}{3}$。

是的，分母相同的分数相加时，分母不变，把分子相加即可。比如：

$$\frac{1}{3} + \frac{1}{3} = \frac{1+1}{3} = \frac{2}{3}$$

你来算算 $\frac{1}{7} + \frac{4}{7}$ 是多少？

哎呀，这我还是能算明白的。

$$\frac{1}{7} + \frac{4}{7} = \frac{1+4}{7} = \frac{5}{7}$$

看柯马自信满满的眼神！

嘿嘿！对了，数钟，分数的减法该怎么计算呢？

分母相同的分数相减也很简单。分母依旧不变，把分子相减即可。比如：

$$\frac{4}{7} - \frac{1}{7} = \frac{4-1}{7} = \frac{3}{7}$$

分母相同的话，分母不变，分子相加或相减即可。那么，分母不同的分数如何进行加减运算呢？

分母不同时，按如下步骤计算就可以了。

第1步：找到两个分数分母的最小公倍数。

第2步：将两个分母化为两者的最小公倍数。同时，为了保证每个分数的大小不变，每个分数的分子要和其分母乘以同一个数。

第3步：按分母相同的分数的加减法进行计算。

在《从因数、倍数和质数到费马大定理》中，我学过最小公倍数。数钟，你举个例子，教我算一下吧。

我们来看 $\frac{1}{2} + \frac{1}{3}$，2和3的最小公倍数是几？

2 和 3 的最小公倍数是 6。

没错，这样就找到了第 1 步中提到的最小公倍数。第 2 步，将两个分母都变为 6。$\frac{1}{2}$ 的分母要变为 6，同时保证分数的大小不变，分子要乘以几？

分子要乘以 3，就变成

$$\frac{1 \times 3}{2 \times 3} = \frac{3}{6}$$

真棒。那么，$\frac{1}{3}$ 就化为

$$\frac{1 \times 2}{3 \times 2} = \frac{2}{6}$$

像这样，把不同的分母变成一样的过程称为"通分"，也就是第 2 步。现在，第 3 步就是按分母相同的分数做加法啦。

$$\frac{1}{2} + \frac{1}{3} = \frac{3}{6} + \frac{2}{6} = \frac{5}{6}$$

减法呢？

减法也一样。我们以 $\frac{1}{2} - \frac{1}{3}$ 为例。

我来试试。第 1 步，找到分母的最小公倍数 6。第 2 步，通分。第 3 步，用分母相同的两个分数做减法。

$$\frac{1}{2} - \frac{1}{3} = \frac{3}{6} - \frac{2}{6} = \frac{1}{6}$$

哇！真棒！

1. 计算：$\frac{1}{5} + \frac{1}{5} + \frac{1}{5} + \frac{2}{5}$。

2. 计算：$\frac{1}{2} + \frac{2}{3}$。

3. 计算：$\frac{3}{4} - \frac{2}{5}$。

※自测题答案参考108页。

古埃及人的分数

从古埃及文明发源起，古埃及人就使用由尼罗河的一种特产植物——莎草制作的莎草纸来书写。古埃及的书吏用独特的象形文字在莎草纸上记录了许多与数学相关的内容。其中有一份被命名为"莱因德纸草书"的数学文献，由古埃及书吏阿姆士所写，这份文献记载了许多与分数相关的内容。

把单位"1"平均分成若干份，表示其中一份的数叫作分数单位，简而言之就是像 $\frac{1}{2}$，$\frac{1}{3}$ 这种分子是1的分数。在莱因德纸草书中，有一张表格记录了如何将分子为2的分数（分母为3到101中的奇数）分解为分数单位之和，比如：

$$\frac{2}{3} = \frac{1}{3} + \frac{1}{3}$$

$$\frac{2}{5} = \frac{1}{3} + \frac{1}{15}$$

$$\frac{2}{7} = \frac{1}{4} + \frac{1}{28}$$

$$\frac{2}{9} = \frac{1}{6} + \frac{1}{18}$$

$$\frac{2}{11} = \frac{1}{6} + \frac{1}{66}$$

$$\frac{2}{13} = \frac{1}{8} + \frac{1}{52} + \frac{1}{104}$$

$$\frac{2}{15} = \frac{1}{10} + \frac{1}{30}$$

以此类推，分母是101时，可分解为

$$\frac{2}{101} = \frac{1}{101} + \frac{1}{202} + \frac{1}{303} + \frac{1}{606}$$

利用这张表格，还可以用分数单位表示分子不是2的分数。比如$\frac{3}{5} = \frac{2}{5} + \frac{1}{5}$，根据$\frac{2}{5} = \frac{1}{3} + \frac{1}{15}$可得

$$\frac{3}{5} = \frac{1}{3} + \frac{1}{15} + \frac{1}{5}$$

分数的乘除法及其应用

在专题1中，我们讲解了分数和分数的加减法，本专题将继续讲解分数的乘除法。接着，我们会介绍分数的应用。在本专题中，我们可以知道如何用分数的运算来解决日常生活中的问题。最后，还会讲到连分数。连分数是一种特殊形式的分数。

智慧之王巧解分数
分数的乘除法

这次我们要讲的是分数的乘法和除法。先来讲解分数乘法。只要记住下面的分数的乘法法则就可以了。分数乘分数，用分子相乘的积作分子，用分母相乘的积作分母。

嗯？这是什么意思？

举个例子吧，来计算一下 $\frac{2}{3} \times \frac{7}{5}$。此时，分子相乘，积是多少？

$2 \times 7 = 14$。

分母相乘的积呢？

$3 \times 5 = 15$。

很棒。所以 $\frac{2}{3}$ 和 $\frac{7}{5}$ 相乘的结果就是分子为14、分母为15的分数，写作：

$$\frac{2}{3} \times \frac{7}{5} = \frac{2 \times 7}{3 \times 5} = \frac{14}{15}$$

挺简单呢。

好，现在来算一下 $\frac{5}{12} \times \frac{2}{15}$。

分子相乘的积是 10，分母相乘，$12 \times 15 = 180$，那么 $\dfrac{5}{12} \times \dfrac{2}{15} = \dfrac{5 \times 2}{12 \times 15} = \dfrac{10}{180}$。

$\dfrac{10}{180}$ 的分子、分母还可以用更小的数来表示。

该怎么做呢?

$\dfrac{10}{180}$ 可以写成 $\dfrac{1 \times 10}{18 \times 10}$。相当于分子和分母分别为一个数乘以 10，此时同时约去 10，分数大小不变。像这样，把一个分数化成和它相等，但分子和分母都比较小的分数，叫作约分。所以，经过约分后，该分数可简化为

$$\dfrac{10}{180} = \dfrac{1 \times \cancel{10}}{18 \times \cancel{10}} = \dfrac{1}{18}$$

通过约分，分子、分母就变成较小的数了。

是的。通过约分可以得到很多相等的分数。比如，把一个比萨平均分成 2 份后拿出其中 1 份和把一个比萨平均分成 4 份后拿出其中 2 份，两种方法拿出的比萨是一样多的，因此 $\dfrac{1}{2} = \dfrac{2}{4}$。

明白了! 那么 $\dfrac{1}{18}$ 不能再约分了吧?

是的。不能再约分的分数叫作最简分数，它的分子、分母只有公因数 1。如果在计算分数乘法之前，先约分再相乘，计算会更简便。

怎么做呢?

就像下面这样约分即可。

$$\frac{5}{12} \times \frac{2}{15} = \frac{\overset{1}{\cancel{5}} \times \overset{1}{\cancel{2}}}{\underset{6}{\cancel{12}} \times \underset{3}{\cancel{15}}} = \frac{1 \times 1}{6 \times 3} = \frac{1}{8}$$

原来是这样!那分数和整数相乘,又该如何计算呢?

问得好!我们以 $\frac{2}{5} \times 3$ 为例。

分数相乘是分子、分母分别相乘,可3不是分数怎么办?

3也可以用分数来表示。

$$3 = \frac{3}{1}$$

啊哈!那我知道了。

$$\frac{2}{5} \times 3 = \frac{2}{5} \times \frac{3}{1} = \frac{2 \times 3}{5 \times 1} = \frac{6}{5}$$

没错。分数和整数相乘时,分数的分子乘以整数的积作为分子,分母不变。

那分数除法呢?

分数的除法要记住以下法则:

一个数除以一个分数,等于乘上这个分数的倒数。

倒数是什么意思？

乘积是1的两个数互为倒数，我们只要把一个分数的分子、分母互换位置，就可以得出它的倒数了。以 $\frac{2}{3} \div \frac{5}{6}$ 为例，除数是 $\frac{5}{6}$ 对吧？除数的倒数就是 $\frac{6}{5}$，也就是说

$$\frac{2}{3} \div \frac{5}{6} = \frac{2}{3} \times \frac{6}{5} = \frac{4}{5}$$

计算过程我是理解了，可为什么是乘上除数的倒数呢？

除法和分数有如下关系：

$$被除数 \div 除数 = \frac{被除数}{除数} = 被除数 \times \frac{1}{除数}（除数 \neq 0）$$

根据倒数的定义，$\frac{1}{除数}$ 就是除数的倒数，所以

$$被除数 \div 除数 = 被除数 \times 除数的倒数$$

例如，$6 \div \frac{3}{5} = 6 \times \frac{5}{3}$，$\frac{5}{3}$ 就是除数 $\frac{3}{5}$ 的倒数。

这下我完全理解了。

话说回来，在数学漫画里，智慧之王是怎么马上就知道工人们干了480天的？

他就是利用分数计算出来的。整个工程需要50人干300天。把整体的工程量看作1，每个人每天能

完成的工程量就是 $\dfrac{1}{50 \times 300}$。前30天是50人干活，

30天所完成的工程量就是

$$\dfrac{1}{50 \times 300} \times 30 \times 50 = \dfrac{1}{10}$$

那么剩下的工程量是多少呢？

剩下的工程量是

$$1 - \dfrac{1}{10} = \dfrac{9}{10}$$

20人走了之后，剩下的30人完成了剩下的工程量。把他们干活的天数设为□，也就是 $\dfrac{9}{10} = \dfrac{1}{50 \times 300} \times 30 \times □$，经计算可得□ = 450。所以到竣工时，他们总共干活的天数就是30 + 450 = 480（天）。

原来如此。

找出偷手镯的小偷
分数计算的应用

数钟，你怎么那么快就算出数学漫画里珠宝店丢的金手镯的质量是 $\frac{1}{32}$ 千克？

这个问题其实就是分数计算的应用问题。

具体是怎么计算的呢？

很简单。13 个金手镯装在箱子里时的总质量是 $\frac{7}{16}$ 千克，空箱子的质量是 $\frac{1}{32}$ 千克，所以 13 个金手镯的质量就是总质量减掉空箱子的质量。

13 个金手镯的质量就是

$$\frac{7}{16} - \frac{1}{32} = \frac{14}{32} - \frac{1}{32} = \frac{13}{32}（千克）$$

啊哈！13 个金手镯的质量是 $\frac{13}{32}$ 千克，那 1 个金手镯的质量就是

$$\frac{13}{32} \div 13 = \frac{13}{32} \times \frac{1}{13} = \frac{1}{32}（千克）$$

所以小偷就是第三个人。

完美！你们俩算得都很正确！

本来还觉得很难，但听了数钟的讲解，一切就迎刃而解了，就像是数钟施展了魔法。

哈哈，施展魔法可是床怪的专长。

1. 计算：$1\,000 \times \dfrac{1}{2}$。

2. 计算：$\dfrac{3}{7} \times \dfrac{14}{15}$。

3. 计算：$\dfrac{3}{8} \div \dfrac{9}{32}$。

※ 自测题答案参考109页。

连分数

很多同学应该是第一次听说连分数。连分数是一种特殊形式的分数，形式如下：

$$a_0 + \cfrac{1}{a_1 + \cfrac{1}{a_2 + \cfrac{1}{\ddots + \cfrac{1}{a_N}}}}$$

上式中：N 为自然数，a_0 为整数，a_i 为正整数（$i = 1, 2, \cdots, N$）。

下面一起来了解用连分数表示分数的方法吧。用连分数表示分数，实际上就是将分数不断化为分子为 1 的形式。我们以假分数 $\dfrac{12}{5}$ 为例，把它用连分数表示。假分数可以写成整数和真分数的和，如下：

$$\frac{12}{5} = 2 + \frac{2}{5}$$

在这个算式中，$\dfrac{2}{5}$ 是 $\dfrac{5}{2}$ 的倒数。两者的关系如下：

$$\frac{2}{5} = 1 \div \frac{5}{2}$$

把这个除法算式写成如下的分数形式：

$$\frac{2}{5} = \frac{1}{\frac{5}{2}}$$

此时，$\frac{5}{2} = 2 + \frac{1}{2}$，故又可以写成如下形式：

$$\frac{2}{5} = \frac{1}{2 + \frac{1}{2}}$$

因此，$\frac{12}{5}$ 写成连分数就是

$$\frac{12}{5} = 2 + \frac{1}{2 + \frac{1}{2}}$$

接下来，我们再看看假分数 $\frac{7}{4}$。把它写成整数和真分数的和是 $\frac{7}{4} = 1 + \frac{3}{4}$。$\frac{3}{4} = \frac{1}{\frac{4}{3}}$，$\frac{4}{3} = 1 + \frac{1}{3}$，那么把 $\frac{7}{4}$ 写成连分数，就是

$$\frac{7}{4} = 1 + \frac{1}{1 + \frac{1}{3}}$$

小数和小数的加减法

在专题1和专题2中，我们讲解了分数的概念以及分数的运算。在本专题中，我们将会讲解小数的概念和小数的加减法，还会涉及分数和小数互化的方法，并进一步讲解小数加减法的运算法则。最后，在视频课中，我们会介绍一种"找到满足条件的数"的游戏，大家从中可以了解到更加简便和有趣的分数及小数的计算方法。

数学漫画

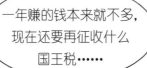

议论

一年赚的钱本来就不多，现在还要再征收什么国王税……

议论

税金越收越多，这是什么世道呀！

国王真是过分！

怎么才能少交点税呢？

没啥好办法呀。我们家的炸酱面卖11元，每卖一碗就要多交1元的税。

我们家的布娃娃卖22元，22乘$\frac{1}{11}$是2。也就是每卖一个布娃娃，就要交2元的税。

真的没有其他办法了吗？

转

等等！

我在街边卖糖烧饼，一个卖3元，可以不交税。我来教大家不交税或者少交税的方法。

国王应该如何收税
将分数化成小数的方法

商人们真聪明，竟然想出了少交税的方法。

如果不想让商人们少交税也是有办法的，这就要用到小数。举个例子，把1平均分成10份，每份是多少？

$\frac{1}{10}$。

$\frac{1}{10}$用小数表示就是0.1，读作"零点一"，此时0和1之间的点"."，称为小数点。把1平均分成10份，那其中的2份是多少？

是$\frac{2}{10}$。

没错，写作"0.2"，读作"零点二"。

啊哈！那分母是10的分数可以写成如下的小数：

$\frac{1}{10} = 0.1$，$\frac{2}{10} = 0.2$，$\frac{3}{10} = 0.3$，$\frac{4}{10} = 0.4$，$\frac{5}{10} = 0.5$，

$\frac{6}{10} = 0.6$，$\frac{7}{10} = 0.7$，$\frac{8}{10} = 0.8$，$\frac{9}{10} = 0.9$。

没错，看看这些小数在小数点后有几个数？

都只有1个数。

这样的小数称为一位小数。

怎样写出两位小数呢?

想想分母是100的分数就可以了。把1平均分成100份后,每份用分数怎么表示?

$\frac{1}{100}$。

用小数表示就是0.01。

也就是小数点后有两个数字啊。

这样的小数称为两位小数,那么把1平均分成100份后,取37份,用分数怎么表示呢?

是$\frac{37}{100}$吧?

没错,用小数表示就是$\frac{37}{100} = 0.37$。

是两位小数!

分母是10的分数,就可以化为一位小数;分母是100的话,就可以化为两位小数。那么,分母是1 000的话,就可以化为三位小数。比如:

$$\frac{237}{1\,000} = 0.237$$

对,这个小数读作"零点二三七"。并且,2是小数点后第一位,3是小数点后第二位,7是小数点后第三位。

小数都是比 1 小的数吗?

并不是。5 加 0.3,就是 5.3。这个数也是小数,但比 1 大吧?

原来如此。

如果分母不是 10,100,1 000,…,也可以用小数表示吗?

当然了。以 $\frac{3}{5}$ 为例,我们知道,分数的分子、分母乘以同一个数,大小不变。那么,乘以几后分母可以变成 10,100,1 000,…呢?

乘以 2,20,200,…就行了。

就是这样。

$$\frac{3}{5} = \frac{3 \times 2}{5 \times 2} = \frac{6}{10} = 0.6$$

试试把分数 $\frac{7}{25}$ 化成小数。

我试试,分子、分母都乘以 4。

$$\frac{7}{25} = \frac{7 \times 4}{25 \times 4} = \frac{28}{100} = 0.28$$

分母乘以一个整数后,也可能不是 10,100,1 000,…,比如 $\frac{1}{3}$。

当然了,此时就要用除法来计算。根据分数和除法的关系，$\frac{1}{3}$ 就是 1 除以 3，我们可以列出除法竖式如下：

$$3\overline{)1}$$

在 1 之后加一个小数点：

$$3\overline{)1.}$$

1 除以 3，商是 0，即

$$\begin{array}{r} 0. \\ 3\overline{)1.} \end{array}$$

由于 1 = 1.0，因此又可以写作

$$\begin{array}{r} 0. \\ 3\overline{)1.0} \end{array}$$

现在在小数点后写出 10 除以 3 的商：

$$\begin{array}{r} 0.3 \\ 3\overline{)1.0} \\ 9 \end{array}$$

接下来写出 10 减去 9 的差：

$$\begin{array}{r} 0.3 \\ 3\overline{)1.0} \\ \underline{9} \\ 1 \end{array}$$

在 1 之后添 0，继续求 10 除以 3 的商：

$$
\begin{array}{r}
0.33 \\
3{\overline{\smash{\big)}\,1.0}} \\
\underline{9} \\
10 \\
\underline{9} \\
1
\end{array}
$$

这样一直算下去，就会得到 $\frac{1}{3}$ = 0.333 333 333 3…。

"…" 是什么？

这里的 "…" 就表示一直重复出现 3。

除了需要加一个小数点之外，其余步骤都和整数除法一样呢。

没错，我们再回到数学漫画中的故事，有了小数，国王就有办法多收税金了。

什么办法？

利用小数和四舍五入法。他之前是把税额定为售价乘以 $\frac{1}{11}$，如果得到的不是整数就取该数化成带分数后的整数部分，对吧？

是的。

如果想多收税金，可以把税额按照以下方式计算：

售价乘以 $\frac{1}{11}$ 并化成小数，将第一位小数四舍五入后的整数作为要征收的税额。

这会有什么不同吗？

好像是不同了，因为要四舍五入了。

当然不同了，我们以售价21元为例，$21 \times \frac{1}{11} = \frac{21}{11}$，可用如下竖式化成小数：

$$
\begin{array}{r}
1.909 \\
11\overline{)21.} \\
\underline{11} \\
100 \\
\underline{99} \\
100 \\
\underline{99} \\
1
\end{array}
$$

将1.909…的第一位小数9四舍五入后，整数部分变为了2。国王可以收2元的税了。

真神奇啊！

小数的加减法
小数的加减运算法则

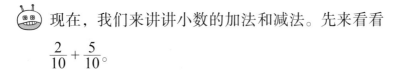 现在，我们来讲讲小数的加法和减法。先来看看 $\dfrac{2}{10} + \dfrac{5}{10}$。

咦? 分母相同的两个分数相加, 应该是 $\dfrac{2}{10} + \dfrac{5}{10} = \dfrac{7}{10}$。

把分数化成小数, 就是 $0.2 + 0.5 = 0.7$, 对不对?

只需把第一位小数相加就可以了呀。

那么 $0.8 + 0.4$, 该怎么算呢? 第一位小数相加的和是 12。

进位即可。$0.8 + 0.4 = 0.2 + 0.6 + 0.4 = 0.2 + (0.6 + 0.4)$。$0.6$ 加 0.4 的和是 1, 所以 $0.8 + 0.4 = 0.2 + 1 = 1.2$。

啊哈! 10 个 0.1 加在一起是 1, 进位后个位数就是 1, 不够进位的 0.2 中的 2 就作为第一位小数。

没错, 这次我们来算一下 $0.15 + 0.26$。

是两位小数相加呢。

没错, 这道题可以用如下竖式计算, 非常方便。

$$
\begin{array}{r}
\text{对齐} \\
0.15 \\
+\ 0.26 \\
\hline
0.41
\end{array}
$$

和整数加法的要领一样啊。

当然了，只需要注意将小数点对齐即可。

小数的减法呢？

我们再举个例子说明吧。计算0.9 − 0.2时，只要将第一位小数相减即可。也就是0.9 − 0.7 = 0.2。那么，我们再来算一下1.2 − 0.7。2不能减7，和整数减法一样，从个位数上借一位就可以了。

$$
\begin{array}{r}
\overset{\cdot}{1}.2 \\
-\ 0.7 \\
\hline
0.5
\end{array}
$$

和计算 12 − 7 一样呢。

是的，只需要注意小数点就可以了。我们再来算一题，0.34 − 0.16，用如下竖式计算即可。

$$
\begin{array}{r}
\overset{\cdot}{0}.34 \\
-\ 0.16 \\
\hline
0.18
\end{array}
$$

和整数减法很类似。

观察得很仔细！

▶▶ **概念整理自测题**

1. 计算：$1.2 + 2.45$。

2. 计算：$1.165 + 2.67$。

3. 计算：$3.425 - 2.56$。

※自测题答案参考110页。

59

寻找满足条件的数

找出同时满足下列两个条件的分数。

条件1：用小数表示是0.48。

条件2：分母比分子大13。

小数0.48的分母是100时，其分数形式为

$$0.48 = \frac{48}{100}$$

但这并不能满足条件2，把这个分数进行约分，化为最简分数，得到

$$0.48 = \frac{12}{25}$$

满足条件2，所以答案就是$\frac{12}{25}$。

小数的乘除法

　　本专题中我们要介绍小数乘法和除法。小数乘法的计算方法可参照整数乘法，须注意小数点的位置。小数除法有两种计算方法，一种是将小数化成分数进行计算，另一种则是参照整数除法的计算方法进行计算。采用后一种方法进行除法计算时，首先要将除数和被除数的小数点移动相同的位数，转化成整数后再进行计算。本专题的视频课会讲解循环小数的相关知识。

抓住偷门贼！
小数乘法

- 要解释金福劳为什么是偷门贼，就要学习小数乘法。

- 交给我就行。小数乘法参照整数乘法的方法就可以了。

- 什么意思？

- 小数乘法只需要先按照整数乘法得到积，然后看两个小数的小数位数之和，和是几，就从积的右边起数出几位，点上小数点即可。

- 还是不太懂。

- 我们以 0.3×0.5 为例。先不看小数点，计算 3 和 5 相乘的积，也就是 $3 \times 5 = 15$，对吧？不过，0.3 是一位小数，0.5 也是一位小数，所以最终答案是两位小数，即 $0.3 \times 0.5 = 0.15$。

- 为什么是这样？

- 我用分数给你解释。将0.3和0.5化成分数的话，$0.3 = \frac{3}{10}$，$0.5 = \frac{5}{10}$，两个分数相乘，可得 $0.3 \times 0.5 =$

$$\frac{3}{10} \times \frac{5}{10} = \frac{15}{100}。$$

啊哈！$\frac{15}{100} = 0.15$。

对。我们再来算一个，7.8×0.39的答案是多少？

我来算算。$78 \times 39 = 3\,042$，7.8的小数点后有一位，0.39的小数点后有两位，因此正确答案的小数点后要有三位，$7.8 \times 0.39 = 3.042$。

真棒！床怪，我们已经学完小数乘法了，现在你能解释一下为什么金福劳是偷门贼吗？

我也很好奇，你怎么知道金女士家大门的宽度是90厘米呢？

金女士家的大门是长方形的，金福劳家的大门是正方形的，样式不同呀。

金子可以熔化，做成其他形状，所以长方形的大门可以做成正方形的大门。丢失的大门长3.6米、宽90厘米。首先，要统一单位。

怎么统一单位？

可以将单位都统一为米，这时大门的宽是多少？

宽度是90厘米，换算成米的话，就是90厘米 = 0.9米。

没错，刚才说大门的形状是长方形，其实并不准确。

为什么？

因为大门不是平面的，而是立体的。它不仅有长和宽，还有厚度。

那大门就是一个长方体！

是的，在本案中，大门的厚度都是 5 厘米。现在我们来算一下金女士家大门的体积，单位都统一为米，那么大门的厚度是多少米呢？

5 厘米 = 0.05 米。

金女士家大门的形状如下图所示，体积就是 $3.6 \times 0.9 \times 0.05 = 0.162$（立方米）。

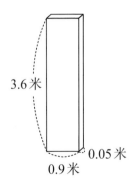

3.6 米

0.05 米

0.9 米

如果金福劳家大门的体积也是 0.162 立方米，那就很可能是金福劳偷了纯金大门，把它熔化后做成了新的形状。

没错，根据我的测量，金福劳家大门的样式如下：

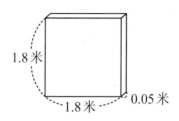

1.8 米
1.8 米
0.05 米

那么，金福劳家大门的体积为 $1.8 \times 1.8 \times 0.05 = 0.162$（立方米）。

体积完全相同啊。

再加上通过监控录像可以推算出金福劳的身高与嫌疑人一致，纯金大门的体积也相同，这些证据都表明他很可能是偷门贼。

计算小数除法的两种方法

小数除法

数钟，那么小数除法如何计算呢？

小数除法有两种计算方法，以 $2.5 \div 0.5$ 为例，第一种方法是将小数化成分数进行计算。

这个我会。$2.5 = \dfrac{5}{2}$，$0.5 = \dfrac{1}{2}$，所以 $\dfrac{5}{2} \div \dfrac{1}{2} = \dfrac{5}{2} \times \dfrac{2}{1} = 5$。

另一种方法呢？

不用分数进行计算。首先列出如下竖式：

$$0.5 \overline{) 2.5}$$

然后，小数点右移1位。

$$0.5 \overline{) 2.5}$$

最后，按整数除法计算即可。

$$
\begin{array}{r}
5 \\
0.5 \overline{) 2.5} \\
2\,5 \\
\hline
0
\end{array}
$$

结果都是5。

虽然方法不同，但结果一致。接下来，我们看一个稍难的题目：计算 $1.44 \div 0.18$。

我试试，首先列出竖式：

$$0.18 \overline{) 1.44}$$

然后，小数点右移两位。

$$0.18\overline{)1.44}$$

最后，进行如下计算：

$$
\begin{array}{r}
8 \\
0.18\overline{)1.44} \\
1\,44 \\
\hline
0
\end{array}
$$

所以答案是8。

 柯马，你真棒！

1. 计算：1.8×3.02。

2. 计算：$1.65 \div 0.05$。

3. 计算：$\dfrac{3}{2} \times 6.08$。

※自测题答案参考111页。

循环小数

我们来解下面这道题：

将 $\dfrac{272}{3\,333}$ 化成小数，求小数点后第30位的数字。

把 $\dfrac{272}{3\,333}$ 化成小数，就是 0.081 608 160 816 081 608 16…。观察小数点后的数字，可以发现是"0816"循环重复。像这样，一个数的小数部分从某一位起，一个数字或者几个数字依次不断重复出现，就是循环小数。一个循环小数的小数部分依次不断重复出现的数字，就是这个循环小数的循环节。0.081 608 160 816 081 608 16…的循环节是0816。

$30 \div 4 = 7\cdots\cdots 2$，说明 $\dfrac{272}{3\,333}$ 化成小数后，小数点后的30位中有7个完整的循环节，还有多出来的2个数字。所以小数点后第29位的数字是0，第30位的数字是8。

专题 **5**

生活中的分数

　　本专题将介绍分数的应用，主要涉及日常生活中关于分数的有趣问题。比如，用撕开一张纸的方法来验证无限多个分数相加，其结果还是1这个有趣的问题，进而说明无限多个分数相加的结果可以是一个定值。此外，我们还将利用分数揭开四层玻璃隔音的奥秘。

接下来，我把右侧的纸再分成两半，用算式表示为 $\frac{1}{2} + \frac{1}{4} + \frac{1}{4} = 1$。

我再把右下方的纸分成两半，用算式表示为 $\frac{1}{2} + \frac{1}{4} + \frac{1}{8} + \frac{1}{8} = 1$。

继续把右下方的纸分成两半，用算式表示为 $\frac{1}{2} + \frac{1}{4} + \frac{1}{8} + \frac{1}{16} + \frac{1}{16} = 1$。

继续上述步骤，把右下方的纸分成两半，用算式表示为 $\frac{1}{2} + \frac{1}{4} + \frac{1}{8} + \frac{1}{16} + \frac{1}{32} + \frac{1}{32} = 1$。

像这样，将纸无限地分成两半，其整体面积还是1，也就是 $\frac{1}{2} + \frac{1}{4} + \frac{1}{8} + \frac{1}{16} + \frac{1}{32} + \cdots = 1$。

哇！

无限多个分数相加，可以变成1吗？
关于分数之和的争论

哇，真神奇啊！无限多个分数相加，最后竟然变成了1。我还以为一直加下去，结果会变得无限大呢。

除了柳博士所讲的，还有很多例子也是无限多个分数相加，最后得到一个确切的值。请看下面这个算式：

$$\frac{1}{6} + \frac{1}{12} + \frac{1}{20} + \frac{1}{30} + \frac{1}{42} + \frac{1}{52} + \cdots$$

你们发现什么规律了吗？

我怎么什么规律都没发现？

呃……分子都是1。

对！柯马，你来找一下分母的规律。

我还是没找到规律……

那我给个提示：用乘法口诀。

啊！我知道了。规律是

$$2 \times 3 = 6$$
$$3 \times 4 = 12$$

$$4 \times 5 = 20$$
$$5 \times 6 = 30$$
$$6 \times 7 = 42$$
$$7 \times 8 = 56$$

没错，就是这样。那么上面的算式可以写为

$$\frac{1}{2 \times 3} + \frac{1}{3 \times 4} + \frac{1}{4 \times 5} + \frac{1}{5 \times 6} + \frac{1}{6 \times 7} + \cdots$$

但好像也没什么特别的？

是吗？你算一下 $\frac{1}{2} - \frac{1}{3}$ 是多少。

先通分，再计算，得到 $\frac{1}{6}$。

再算一下 $\frac{1}{3} - \frac{1}{4}$ 和 $\frac{1}{4} - \frac{1}{5}$。

分别是 $\frac{1}{12}$ 和 $\frac{1}{20}$。

我发现了！也就是说，$\frac{1}{2} - \frac{1}{3} = \frac{1}{2 \times 3}$，$\frac{1}{3} - \frac{1}{4} = \frac{1}{3 \times 4}$，$\frac{1}{4} - \frac{1}{5} = \frac{1}{4 \times 5}$。

没错，那么原来的算式就可以写为 $\left(\frac{1}{2} - \frac{1}{3} \right) + \left(\frac{1}{3} - \frac{1}{4} \right) + \left(\frac{1}{4} - \frac{1}{5} \right) + \cdots$，这里只有加法和减法，括号就可以去掉，也就是 $\frac{1}{2} - \frac{1}{3} + \frac{1}{3} - \frac{1}{4} + \frac{1}{4} - \frac{1}{5} + \cdots$。中间相同的数字一加一减之后，相当于加0，可以

写为

$$\frac{1}{2} - \frac{1}{3} + \frac{1}{3} - \frac{1}{4} + \frac{1}{4} - \frac{1}{5} + \cdots = \frac{1}{2}$$

因此

$$\frac{1}{6} + \frac{1}{12} + \frac{1}{20} + \frac{1}{30} + \frac{1}{42} + \frac{1}{56} + \cdots = \frac{1}{2}$$

藏在四层玻璃中的秘密
用分数来解释隔绝噪声的秘密

用同样的玻璃制作窗户，为什么用了四层玻璃，就变安静了呢？

玻璃的层数变多，隔着玻璃听到的噪声就变小了，我们可以用分数乘法来解释这个现象。

哇，减小噪声可以用数学来解释？

是的，用数学很容易就能解释清楚。我们假设玻璃窗外的噪声强度为1，噪声每通过一层玻璃，强度就变为原来的$\frac{2}{5}$，也就是一层玻璃可以阻隔60%的噪声，剩下的40%依然能穿透玻璃。那么通过第二层玻璃后，噪声强度是多少？

第二层玻璃外的噪声强度是$\frac{2}{5}$，通过该层玻璃后，噪声强度变为

$$\frac{2}{5} \times \frac{2}{5} = \frac{4}{25} = 0.16 = 16\%$$

噪声强度大大降低了呢。

是的。两层玻璃就能大大减少噪声，减少到原先的16%。

我们继续计算吧。通过第三层玻璃的噪声强度是

$$\frac{2}{5} \times \frac{2}{5} \times \frac{2}{5} = \frac{8}{125} = 0.064 = 6.4\%$$

哇！噪声强度只剩6.4%了。

数学漫画中的是四层玻璃，因此最终的噪声强度是

$$\frac{2}{5} \times \frac{2}{5} \times \frac{2}{5} \times \frac{2}{5} = \frac{16}{625} = 0.025\,6 = 2.56\%$$

家里的噪声强度是原来的2.56%，也就是说，绝大部分噪声都被阻隔了，家里自然就安静了。

这下我完全明白了，原来在减小噪声的技术中，也用到了分数啊。

1. 计算 $\frac{1}{2} \times \frac{1}{2} \times \frac{1}{2}$，结果用小数表示。

2. 用4个9来表示100，写成分数形式。

3. 用5个9和加法来表示10，写成分数形式。

※自测题答案参考112页。

分数的应用问题

有这样一道题目：

> 有四张卡片，上面分别写有2，5，8，9。抽出两张组成两位数当作分母，剩下两张组成两位数当作分子，求其中最大的分数，并用小数表示。

要想分数最大，分母要最小，分子要最大。四张卡片能组成的最小的两位数是25，能组成的最大的两位数是98，所以最大的分数为$\frac{98}{25}$。

将这个数写成小数形式，分子、分母同时乘4，即$\frac{98}{25} = \frac{392}{100} = 3.92$。

音乐中的分数

　　弦乐器是指因弦的振动而发音的一类乐器，调节弦的长度可以发出高低不同的音。本专题将讲述一个有趣的事实，那就是首次用分数来计算弦长，并揭示音乐和分数关系的人正是以"毕达哥拉斯定理"（即勾股定理）闻名于世的毕达哥拉斯。作为顶尖的数学家，他认为"万物皆数"，利用不同的弦长比可以让弦乐器发出do、re、mi、fa、sol、la、si这样的音阶。

数学漫画

音阶和弦长比
音乐和分数的关系

🤖 漫画有趣吧？今天的主题是音乐和分数的关系。以毕达哥拉斯定理闻名于世的毕达哥拉斯是第一个发现音乐和分数关系的人。他认为诗和音乐可以治愈人心，且两者都能用数字表示。他还发现了调节弦长比，使弦乐器能发出 do、re、mi、fa、sol、la、si 这样的音阶的方法。

😕 调节什么比？

🤖 弦长比。弦乐器是通过弦的振动发音的，弦长决定了音的高低。拨动短弦可以发出高音，而拨动长弦可以发出低音。毕达哥拉斯发现，当三根弦的弦长比为 $1 : \frac{2}{3} : \frac{1}{2}$ 时，发出的三个音最和谐。

😮 原来只要调节弦长，就能产生音阶呀。

🤖 当然，音越高，弦越短。毕达哥拉斯认为，假设 do 的弦长为 1，把弦长设为 $\frac{2}{3}$，则发出的音比 do 高五度。

😕 比 do 音高五度的是什么音呀？

🤖 就是从 do 开始的第五个音。想象一下钢琴的琴键，就很简单啦。

do、re、mi、fa、sol。哈！比 do 高五度，是 sol 啊！

毕达哥拉斯认为，当音程为五度时，这两个音就非常和谐，所以 do 和 sol 就很和谐。他还发现，把弦长改为原长的 $\frac{1}{2}$，发出的音比 do 高八度。

do、re、mi、fa、sol、la、si、do′，也就是高音 do！它可以记作 do′。

其他音的弦长又该如何调节呢？

想一想，比 sol 高五度的音是什么呢？

不是高音 re 吗？

是的。sol 的弦长为 $\frac{2}{3}$，在此基础上再改为 $\frac{2}{3}$，也就是高音 re 了，可以记作 re′。所以 re′ 的弦长就是 $\frac{2}{3}\times\frac{2}{3}=\frac{4}{9}$。re′ 比 re 高了八度，后者的弦长是前者的两倍，所以 re 的弦长是 $\frac{8}{9}$。

la 呢？

la 比 re 高五度，所以 la 的弦长为 $\frac{8}{9}\times\frac{2}{3}=\frac{16}{27}$。

mi 呢？

比 la 低八度的音是低音 la，其弦长是 la 的两倍，所以低音 la 的弦长为 $2\times\frac{16}{27}=\frac{32}{27}$。

等等！比低音 la 高五度就是 mi。所以 mi 的弦长为

$\frac{32}{27} \times \frac{2}{3} = \frac{64}{81}$。

si 比 mi 高五度，mi、fa、sol、la、si，所以 si 的弦长是 $\frac{64}{81} \times \frac{2}{3} = \frac{128}{243}$。

还剩最后一个音，也就是 fa 了。

fa 比 do′ 低五度，假设 fa 的弦长为 □，那么 □ $\times \frac{2}{3} = \frac{1}{2}$。简单计算，可知 □ $= \frac{3}{4}$，即 fa 的弦长为 $\frac{3}{4}$。

哇！各个音的弦长都通过分数确定下来了！

我将它们整理成一张表格。

音与弦长的关系

音	弦　长
do	1
re	$\frac{8}{9}$
mi	$\frac{64}{81}$
fa	$\frac{3}{4}$
sol	$\frac{2}{3}$
la	$\frac{16}{27}$
si	$\frac{128}{243}$
do′	$\frac{1}{2}$

真是太神奇了，数学中的分数还能用于调节音的高低。数学真是一门魅力无穷的学科。

▶▶▶ 概念整理自测题

1. 假设 do 的弦长是 1，那么 fa′（高音 fa）的弦长是多少？

2. 假设 do 的弦长是 1，那么低音 si 的弦长是多少？

3. 把分数 $\frac{13}{37}$ 化成小数，求小数点后第 100 位数。

※自测题答案参考 113 页。

循环节的长度

首先我们将几个分母是质数（因数只有1和其本身的数），分子是1的分数，也就是质数的倒数转换化成小数。比如：

$$\frac{1}{3} = 0.333\cdots$$

$$\frac{1}{7} = 0.142\ 857\ 142\ 857\cdots$$

$$\frac{1}{11} = 0.090\ 9\cdots$$

$$\frac{1}{13} = 0.076\ 923\ 076\ 923\cdots$$

$$\frac{1}{17} = 0.058\ 823\ 529\ 411\ 764\ 705\cdots$$

$$\frac{1}{19} = 0.052\ 631\ 578\ 947\ 368\ 421\ 05\cdots$$

$$\frac{1}{23} = 0.043\ 478\ 260\ 869\ 565\ 217\ 391\ 304\cdots$$

这些分数转换成小数后，可以得到无限循环小数。此时，我们来看一看这些循环小数中循环节的长度。循环节的长度就是循环节所含的数字个数。

$\frac{1}{3}$ 循环节的长度是 1

$\frac{1}{7}$ 循环节的长度是 6

$\frac{1}{11}$ 循环节的长度是 2

$\frac{1}{13}$ 循环节的长度是 6

$\frac{1}{17}$ 循环节的长度是 16

$\frac{1}{19}$ 循环节的长度是 18

$\frac{1}{23}$ 循环节的长度是 22

我们可以改写为

$\frac{1}{3}$ 循环节的长度是 $2 - 1$

$\frac{1}{7}$ 循环节的长度是 $7 - 1$

$\frac{1}{11}$ 循环节的长度是 $3 - 1$

$\frac{1}{13}$ 循环节的长度是 $7 - 1$

$\frac{1}{17}$ 循环节的长度是 $17 - 1$

$\dfrac{1}{19}$ 循环节的长度是 $19-1$

$\dfrac{1}{23}$ 循环节的长度是 $23-1$

因此，我们好像找到了一个规律：

将质数（2和5除外）的倒数用循环小数表示时，其循环节的长度为某个质数 -1。

我们把这个规律称为一个"猜想"，那么这个猜想正确吗？请算一算质数53的倒数用循环小数表示时的循环节长度，这个规律还成立吗？再多将几个质数的倒数用循环小数表示并计算它们的循环节长度，你还能找到其他的规律吗？

专题 **总结**

附 录

斯蒂文
（Simon Stevin）

大家好！我是斯蒂文。我的研究领域比较广泛，既是数学家，也是工程师，同时我还研究物理学。

既然你我有缘相见，那就更详细地介绍一下我与小数的渊源吧。

1548年，我出生于比利时布吕赫，这是一座以运河闻名的美丽城市。长大后，我在比利时安特卫普港的商店做店员。1581年，也就是在我33岁那年，为了进入学校学习，我搬到了荷兰莱顿。

35岁的时候，我考上了莱顿大学。在此期间，我结识了莫里斯王子。后来，我成了他的顾问。

当时，人们在货币结算中会涉及如$\frac{1}{11}$这样的分数，计算起来十分不便，对此我也一直非常关注。1585年，我提出分数的分母要换成10，100，1 000这些整数，并发明了一种全新的表述分数的方式。我把这些内容整理成书，出版了《论十进》（*De Thiende*）一书，封面如图所示，距今年代十分久远。

在这本书里，我系统地说明了小数的标记和计算方法。比如，分数$\frac{13}{100}$记作1①3②，相当于现在的小数0.13，即1①表示小数点后第一位是1，3②表示小数点后第二位是3；分数$\frac{678}{1\,000}$记作6①7②8③，相当于现在的0.678；而带分数$27\frac{847}{1\,000}$则记作27⓪8①4②7③，相当于现在的27.847。

我想到了把$\frac{1}{11}$换算成近似小数的方法。$\frac{1}{11}$和$\frac{9}{100}$大小差不多，而$\frac{9}{100}$可以写作0①9②。

这里的0①表示小数点后第一位是0，相当于现在的0.09。

利用我发明的小数标记法，人们很容易看出比1小的数哪个更大。比如，比较0①9②和0①0②9③的大小：两数小数点后第一位都是0，就必须比较小数点后第二位的数，0①9②的小数点后第二位是9，而0①0②9③的小数点后第二位是0，所以0①9②比0①0②9③大。

不过，我发明的小数标记法很快就被其他方案替代了——德国数学家克拉维斯使用小圆点作为小数点，这种方法一直沿用至今。

在物理学方面，我也有很多研究成果。比如，我解决了斜面上物体的平衡问题。我对城邦建造技术也有所涉猎，致力于港口、防御工事的建设。

此外，我还认真地学习了阿基米德的研究内容，设计制造了利用风力行驶的帆车。帆车可载28人，比马跑得还快。请看下图，是不是很壮观？

我这一生做了许多事情，于1620年离世。尽管现在仍然有很多人对我不熟悉，但大家只要知道我为小数做出了一些贡献，大概就能记住"斯蒂文"这个名字了吧?

论分数化成有限小数的条件

吴沛洙，2024年（三松小学）

摘要

本文讨论了分数化成有限小数的条件。

1. 绪论

分数和小数密不可分。在小学数学课上，我们已经学习了分数和小数的关系。以下为分数化成小数的几个例子：

$$\frac{1}{2} = 0.5, \ \frac{1}{4} = 0.25, \ \frac{1}{5} = 0.2, \ \frac{1}{10} = 0.1$$

像这样，小数部分位数有限的小数，我们称其为有限小数。我们再来看下列几个例子：

$$\frac{1}{3} = 0.333\,3\cdots, \ \frac{1}{7} = 0.142\,857\,142\,857\cdots, \ \frac{1}{99} = 0.010\,101\cdots$$

这样的分数化成小数时，小数部分的位数是无限的，我们称其为无限小数。在本文中，我们将探讨什么样的分数能化为有限小数。

2. 循环节

有一些无限小数有一个有趣的性质。我们先来看一下 $\frac{1}{3}$ 的小数形式，在小数点后，3 这个数字不断重复。像这样，小数部分从某一位起，一个数字或者几个数字依次不断重复出现的无限小数称作循环小数。一个循环小数的小数部分，依次不断重复出现的数字称为这个循环小数的循环节，如 $\frac{1}{3}$ 的循环节是 3。又如，$\frac{1}{7}$ 化成小数后，142857 不断依次重复出现，所以 $\frac{1}{7}$ 的循环节是 142857。

3. 分数化成有限小数的条件

把分数化成小数，可得循环小数或有限小数。而循环小数是一种循环节不断重复的无限小数。那么，如何简单地判断一个分数是能化成循环小数还是能化成有限小数呢？以 $\frac{1}{4}$ 为例，将其化成小数，可得有限小数 0.25，原分数可写成如下形式：

$$\frac{1}{4} = \frac{1}{2} \times \frac{1}{2}$$

这里的 $\frac{1}{2}$ 可以化成有限小数 0.5，因此 $\frac{1}{4}$ 是可以化成有限小数的分数的乘积。像这样，由可以化成有限小数的分数相乘得到的分数就可以化成有限小数。比如，$\frac{1}{10}=\frac{1}{2}\times\frac{1}{5}$，因为$\frac{1}{2}$和$\frac{1}{5}$可以化成有限小数，$\frac{1}{10}$是两个可以化成有限小数的分数的乘积，所以$\frac{1}{10}$可以化成有限小数。

再以$\frac{1}{6}$为例，$\frac{1}{6}$可以写为

$$\frac{1}{6}=\frac{1}{2}\times\frac{1}{3}$$

这里的$\frac{1}{2}$可以化成有限小数，而$\frac{1}{3}$只能化成循环小数。有限小数和循环小数相乘，得到循环小数。所以，$\frac{1}{6}$只能化成循环小数。

我们再把以上分数简单整理，可得

$$\frac{1}{4}=\frac{1}{2\times2},\ \frac{1}{10}=\frac{1}{2\times5},\ \frac{1}{6}=\frac{1}{2\times3}$$

仔细观察上面的算式，$\frac{1}{4}$和$\frac{1}{10}$的分母的质因数只有2和/或5，而$\frac{1}{6}$的分母不是，所以我们可以认为：

若$\frac{1}{n}$的分母n的质因数只有2和/或5，那么$\frac{1}{n}$可以化成有限小数。

当一个分数是最简分数时，上述观点在分子不是1时也成立，因为一个有限小数乘一个整数仍然是有限小数。

值得注意的是，判断一个分数是否可化成有限小数

时，一定要先将该分数化成最简分数，再进行判断。这是为什么呢？比如，我们要判断$\frac{21}{30}$能否化成有限小数。分母$30 = 2 \times 3 \times 5$，所含质因数除了2和5，还有一个3，那么$\frac{21}{30}$就不能化成有限小数了吗？并不是。分子$21 = 3 \times 7$，其所含的质因数3和分母所含的质因数3可以约分，即$\frac{21}{30} = \frac{3 \times 7}{3 \times 10} = \frac{7}{10}$。这样一来，分母$10 = 2 \times 5$，只含有因数2和5。因此，$\frac{21}{30}$可以化成有限小数。

所以，在判断一个分数能否化成有限小数时，请记住首先要将其化成最简分数。

4. 结论

当一个最简分数的分母所含质因数只有2和/或5时，该分数可化成有限小数。

1. 1。

提示：$\dfrac{1}{5} + \dfrac{1}{5} + \dfrac{1}{5} + \dfrac{2}{5} = \dfrac{1+1+1+2}{5} = \dfrac{5}{5} = 1$。

2. $\dfrac{7}{6}$。

提示：$\dfrac{1}{2} + \dfrac{2}{3} = \dfrac{3}{6} + \dfrac{4}{6} = \dfrac{7}{6}$。

3. $\dfrac{7}{20}$。

提示：$\dfrac{3}{4} - \dfrac{2}{5} = \dfrac{15}{20} - \dfrac{8}{20} = \dfrac{7}{20}$。

走进数学的奇幻世界！

1. 500。

   提示：$1\ 000 \times \dfrac{1}{2} = \dfrac{1\ 000}{2} = \dfrac{2 \times 500}{2} = \dfrac{500}{1} = 500$。

2. $\dfrac{2}{5}$。

   提示：$\dfrac{3}{7} \times \dfrac{14}{15} = \dfrac{3 \times \overset{2}{14}}{\underset{5}{7} \times 15}_{\underset{1}{}} = \dfrac{1 \times 2}{1 \times 5} = \dfrac{2}{5}$。

3. $\dfrac{4}{3}$。

   提示：$\dfrac{3}{8} \div \dfrac{9}{32} = \dfrac{3 \times \overset{4}{32}}{\underset{1}{8} \times \underset{3}{9}} = \dfrac{1 \times 4}{1 \times 3} = \dfrac{4}{3}$。

1. 3.65。

2. 3.835。

提示：可列如下竖式计算。

$$
\begin{array}{r}
1.165 \\
+\ 2.6\overset{\scriptstyle 1}{7} \\
\hline
3.835
\end{array}
$$

3. 0.865。

提示：可列如下竖式计算。

$$
\begin{array}{r}
\overset{\cdot\cdot}{3}.425 \\
-\ 2.56 \\
\hline
0.865
\end{array}
$$

走进数学的
奇幻世界！

1. 5.436。

2. 33。

3. 9.12。

1. 0.125。

提示：$\frac{1}{2} \times \frac{1}{2} \times \frac{1}{2} = 0.5 \times 0.5 \times 0.5 = 0.125$。

2. 可如下作答：$99\frac{9}{9} = 100$。

3. 可如下作答：$9 + \frac{99}{99} = 10$。

走进数学的奇幻世界！

1. $\frac{3}{8}$。

   提示：查第92页的表可知，fa的弦长为$\frac{3}{4}$。

   fa'比fa高八度，所以fa'的弦长为$\frac{3}{4} \times \frac{1}{2} = \frac{3}{8}$。

2. $\frac{256}{243}$。

   提示：查第92页的表可知，si音的弦长为

   $\frac{128}{243}$。低音si比si低八度，所以低音si的弦

   长为$\frac{128}{243} \times 2 = \frac{256}{243}$。

3. 3。

   提示：$\frac{13}{37} = 0.351\ 351\cdots$，351是$\frac{13}{37}$的循环节。

   因为$100 \div 3 = 33\cdots\cdots1$，所以小数点后第

   100位数是循环节的第1位，即3。

术语解释

带分数

带分数是指由整数和真分数合成的数，即整数和真分数之和。带分数分为整数部分和真分数部分，例如 $2\frac{1}{3}$。

分数

把一个单位分成若干份，表示其中一份或几份的数称为分数。分数也是除法的一种书写形式，如整数 a 除以不是0的整数 b，可记作 $\frac{a}{b}$，即当 a 和 b 是正整数时，$\frac{a}{b}$ 可看作是把1平均分成 b 份，取其中的 a 份。此外，$\frac{a}{b}$ 也可看作是 a 和 b 的比值。把整个比萨视为1，平均分成3块，每一块就是整个比萨的 $\frac{1}{3}$。

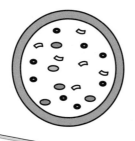
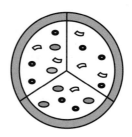

术语解释

分数单位

把单位"1"平均分成若干份，这样的一份或几份都可以用分数来表示，表示其中一份的数叫作分数单位。例如$\frac{3}{4}$的分数单位是$\frac{1}{4}$。

分数的乘法

分数的乘法就是分子和分子相乘，分母和分母相乘。计算分数的乘法有两种方式。

方式一：计算后再进行约分，即消去分子和分母共同的因数，可得不能再约分的分数，此最简分数即为答案。

$$\frac{5}{12} \times \frac{2}{15} = \frac{5 \times 2}{12 \times 15} = \frac{10}{180} = \frac{1 \times \cancel{10}}{18 \times \cancel{10}} = \frac{1}{18}$$

方式二：进行乘法计算之前先约分，这样计算起来更容易。

$$\frac{5}{12} \times \frac{2}{15} = \frac{\overset{1}{\cancel{5}} \times \overset{1}{\cancel{2}}}{\underset{6}{\cancel{12}} \times \underset{3}{\cancel{15}}} = \frac{1 \times 1}{6 \times 3} = \frac{1}{18}$$

术语解释

分数的除法

取除数分数的倒数，再与被除数相乘。

$$\frac{2}{3} \div \frac{5}{6} = \frac{2}{3} \times \frac{6}{5} = \frac{4}{5}$$

分数的加减法

分母相同的分数相加或相减时，所得结果的分母不变，只把分子相加或相减。分母不同的分数相加或相减时，要经过下列3步计算：

第1步：找到两个分数分母的最小公倍数。

第2步：将两个分母化为两者的最小公倍数。同时，为了保证每个分数的大小不变，每个分数的分子要和其分母乘以同一个数。

第3步：按分母相同的分数的加减法进行计算。

公倍数、最小公倍数

两个或两个以上正整数公有的倍数称为它们的公倍数，公倍数中最小的数称为最小公倍数。

术语解释

假分数

分子大于或等于分母的分数称为假分数，假分数大于或等于1，如$\frac{5}{3}$、$\frac{2}{2}$等。

连分数

连分数是一种特殊形式的分数，形式如下：

$$a_0 + \cfrac{1}{a_1 + \cfrac{1}{a_2 + \cfrac{\cdots + \cfrac{1}{a_N}}{}}}$$

上式中：N为自然数，a_0为整数，a_i为正整数（$i = 1, 2, \cdots, N$）。

术语解释

莎草纸

莎草纸用尼罗河的一种特产植物莎草制作而成。从埃及文明发端起，埃及人就用莎草制作纸张。他们把莎草的茎破成薄片，将多张薄片交叉放置，再敲打成纸张。若干纸张放在一起形成一卷，一般每卷20张。纸张晾干之后，人们就可以在上面书写了。

通分

把异分母分数分别化成和原来分数相等的同分母分数称为通分。一般来说，各个分母的最小公倍数即为公分母。

术语解释

无限小数

小数部分的位数无限的小数是无限小数。循环小数属于无限小数。

小数

像3.45，0.85，2.60，36.3，0.333，…这样带有小数点的数。

小数乘法

小数乘法应先将小数看作整数算出积，再点小数点。点小数点时，看两个乘数中一共有几位小数，就从积的右边起数出几位，点上小数点。乘得的积的小数位数不够时，要在前面用0补足位数，再点小数点。

小数除法

方法一：先移动除数的小数点，使它变成整数；除数的小数点向右移动几位，被除数的小数点也向右移动几位（位数不够的，在被除数末尾用0补足）；然后看作整数除法算出商，商的小数点要和被除数的小数点对齐。

方法二：先把小数化为分数，再进行计算，也就是把除法转换成乘法，取除数的倒数进行乘法计算即可。

小数点

小数点"."是表示小数部分开始的符号，小数点区分了小数的整数部分和小数部分。比如3.14，"3"是整数部分，"14"是小数部分，它们之间的小圆点就是小数点。

小数加减法

进行小数加减法计算时，先将各数的小数点对齐，然后按照整数加减法的法则进行计算，最后在得数里加上小数点。

循环节

循环小数的小数部分，依次不断重复出现的数字，就是这个循环小数的循环节。

循环小数

一个数的小数部分从某一位起，一个或几个数字依次重复出现的无限小数叫作循环小数。

有限小数

小数部分位数有限的小数是有限小数。

约分

把一个分数化成和它相等，但分子和分母都比较小的分数，称为约分。

真分数

分子比分母小的分数称为真分数。

最简分数

分子和分母只有公因数1的分数称为最简分数。最简分数不能再约分。

比的所愿

Everything as desired.